Christopher Clausen

1991

Technik aus deinem Geburtsjahr

Du bist so alt wie das …

Word Wide Web

FRANZIS

Bildverzeichnis:

Cover 1, 3: ace03/Shutterstock; 7: Thomas Pikolin/Pixabay; 9: Tavarius/Shutterstock; 10: ullstein; 11: ullstein; 13: Horst Brix/Wikipedia Commons; 17: ullstein; 18: Wikipedia Commons; 21: tabyz/Shutterstock; 23: 19 Studio/Shutterstock; 25: Michael Gaida/ Pixabay; 26: ullstein; 28: Tyomitch/Wikipedia Commons; 31: Thomas Pikolin/Pixabay; 33: Jens Hertl/Shutterstock; 35: Evan Amos/Wikipedia Commons; 36, 37: Renault; 38: Museumsfotografierer/Wikipedia Commons; 39: Matthias Kaluza/oe-konzept; 40, 41: Auto Motor und Sport; 43: Hochschule Konstanz; 44: Sony; 46: photostock360/Shutterstock; 48: CI Photos/Shutterstock; 51: User: 11333328/Pixabay; 52: Deutsche Bahn; 54: Santi S/ Shutterstock; 55: Frodet/Wikipedia; 57: Wikipedia Gleam; 58: Vector Show/Shutterstock; 61: Alexander Schaelss/ Wikipedia Commons; 62, 63: Ken Cameron/NASA; 64: Akable/ Thewatchsite

Bibliografische Information der Deutschen Nationalbibliothek

Die Deutsche Nationalbibliothek verzeichnet diese Publikation in der Deutschen Nationalbibliografie; detaillierte bibliografische Daten sind im Internet über http://dnb.ddb.de abrufbar.

Autor: Christopher Clausen

Konzept und Produktmanagement: Andreas Bäumler und Maria Siegmantel

Sprachlektorat: Sibylle Feldmann

Cover: Julia Harrer

Layout & Satz: Nelli Ferderer, *nelli@ferderer.de*

ISBN: 978364560700-1

Ein Zeitreise in Ihr Geburtsjahr

Jedes Jahr bringt neue technische Erfindungen, Gadgets, Highlights und Flops mit sich. Gerne erinnern wir uns zurück an die technischen Spielzeuge aus unseren Kindertagen, aber auch an die bahnbrechenden Entdeckungen und Produkteinführungen, die das Leben für immer veränderten.

Autor Christopher Clausen nimmt Sie mit auf eine Zeitreise in das Jahr, in dem der Hochgeschwindigkeitszugverkehr in Deutschland startete, „Kevin Allein zu Haus" in den Kinos anlief und der letzte Trabant vom Band rollte.

Inhaltsverzeichnis

1991 – was für ein Jahr!

Ab in Richtung Zukunft! Die Digitalisierung nahm Anfang der Neunziger immer weiter an Fahrt auf – und bescherte uns 1991 einige Dinge, die auch noch unsere Gegenwart prägen. Fangen wir bei den Computern an: Ihre Leistung stieg immer mehr, sodass aus dem simplen Rechenknecht zunehmend eine Multimedia-Zentrale wurde. Und es kam die Idee auf, dass man diese sogar per Tippbefehl statt mit Tastatureingaben steuern könnte. Microsoft und Apple bekamen Konkurrenz für ihre Betriebssysteme, Linux wurde als kostenlose Alternative mit vielen Möglichkeiten berühmt.

1991 markierte auch den Start für unsere moderne Mobiltelefonie: Der GSM-Standard machte das Handynetz digital, die ersten Lithium-Ionen-Akkus aus Massenproduktion sorgten später für längere Laufzeiten. Das ist etwas, das Segas Game-Boy-Konkurrent Game Gear mit Sicherheit gebraucht hätte, um zum Kultgerät zu werden.

Auf den Automessen des Jahres standen mit dem VW Golf III und dem Opel Astra DIE Kompaktautos der 1990er-Jahre, und während sich die Wissenschaft mit dem Thema Stammzellen auseinandersetzte, fanden Wanderer in den Südtiroler Alpen eine Mumie im Eis, die deutlich älter war als gedacht.

Höher, schneller, weiter: Solarschiffe sollten mit ihrem leisen E-Antrieb und Sonnenkraft den Verkehr zu Wasser revolutionieren, der Airbus A340 startete seinen ersten Testflug und stellte später Rekorde für die längsten Nonstop-Flüge durch die Luft auf. Auf der Schiene revolutionierte der neue Hochgeschwindigkeitszug ICE den Bahnverkehr in Deutschland – und das alles flimmerte über die Fernsehbildschirme, vor denen die Deutschen immer häufiger saßen. Mit speziellen Brillen sahen sie sogar räumlich, was auf dem Bildschirm passierte.

Apropos Bildschirm: Der Trend bei den Kinos ging zum Großraumkino. Was 1991 auf der Leinwand zu sehen war, ist heute Kult: Bei „Kevin – allein zu Haus“ können viele von uns immer noch mitreden, wenn Macaulay Culkin an Weihnachten im Fernsehen in den Kampf gegen lästige Einbrecher zieht. Was für ein Jahr!

Das politische Jahr 1991

Die deutsche Wiedervereinigung war formal geschafft – und nun? Der erste Kaufrausch nach dem Mauerfall fand langsam sein Ende, die ehemalige DDR-Wirtschaft lag am Boden, und die Arbeitslosigkeit stieg im Eiltempo. Das Thema Neonazis wurde wieder aktuell: Vor allem im Osten Deutschlands, aber auch in einigen Städten im Westen, verübten Rechtsextreme Anschläge auf Ausländer. Im September griff eine Gruppe im sächsischen Hoyerswerda ein Wohnheim für Vertragsarbeiter und eine Flüchtlingsunterkunft an. Bis zu 500 Menschen beteiligten sich an den Ausschreitungen, 32 Menschen wurden verletzt. In der Folge rückte das Thema Ausländerhass in den Fokus.

Zumindest bei der Kanzlerschaft zeigte sich Stabilität, aber auch Aufbruchsstimmung: Helmut Kohl wurde vom ersten gesamtdeutschen Bundestag wiedergewählt, und das Parlament entschied sich für einen Umzug von Bonn nach Berlin. 1998 tagten die Parlamentarier erstmals im frisch sanierten Reichstagsgebäude.

Einer der wichtigsten außenpolitischen Schauplätze lag in Kuwait: Unter Führung der USA eroberten UNO-Truppen im Golfkrieg das Land von irakischen Truppen zurück. Munitionsfabriken und Ölanlagen wurden bombardiert – eine ökologische Katastrophe. Als der Irak Israel angriff, geriet die Allianz mit arabischen Partnern ins Wanken. Im Süden des Iraks wagten Teile der Bevölkerung den Aufstand gegen den Diktator Saddam Hussein. Das Regime schlug grausam zurück, und erst als die alliierten Streitkräfte eingriffen, kehrte etwas Ruhe ein. Doch Saddam Hussein schien trotz aller Kämpfe am Ende kaum geschwächt.

Umso schwächer zeigte sich die Sowjetunion: Im Frühjahr lösten sich der Warschauer Pakt, das militärische Bündnis des sogenannten Ostblocks, und auch der Rat für gegenseitige Wirtschaftshilfe auf. Immer mehr Länder erklärten ihre Unabhängigkeit, die Rote Armee konnte die Abspaltung des Baltikums nicht mehr verhindern. Ein Putsch der Armee wurde von Moskauer Bürgern verhindert, Boris Jelzin erster gewählter Präsident Russlands – und Michail Gorbatschow trat als Staatspräsident der Sowjetunion ab. Am Ende des Jahres war es vorbei mit der UdSSR, aus ihr wurde eine Gemeinschaft unabhängiger Staaten (GUS). Das westliche Verteidigungsbündnis NATO kündigte daraufhin eine Osterweiterung an.

Währenddessen brodelte es in Jugoslawien: Infolge wirtschaftlicher Probleme sowie ethnischer Spannungen bröckelte der Vielvölkerstaat, gefolgt von mehreren Kriegen in der Region. Nach zehntägigen Gefechten in Slowenien begann der Kroatienkrieg, ab 1992 war auch Bosnien von Auseinandersetzungen betroffen. Erst Ende der 1990er-Jahre kamen die einzelnen unabhängigen Länder zur Ruhe.

Das Jahr der Kevins: Kino im Jahr 1991

Wer würde schon in den beginnenden 1990ern einen Western sehen wollen? Die großen Hollywood-Studios sahen das Großprojekt und Regie-Erstlingswerk von Kevin Costner kritisch und winkten ab. Ein Fehler, wie sich im Nachhinein herausstellte: Das Epos „Der mit dem Wolf tanzt“, nun von Costner selbst produziert, war mit einem weltweiten Einspielergebnis von 400 Millionen Dollar nicht nur ein großer Erfolg und in Deutschland die Nummer eins der Kinocharts des Jahres 1991 (6,7 Millionen Zuschauer) – im selben Jahr gewann der Streifen, der sich um die Freundschaft eines amerikanischen Soldaten mit Sioux-Indianern während des Bürgerkriegs dreht, insgesamt sieben Oscars, einen Grammy für den Soundtrack und weitere Auszeichnungen. Auch als Schauspieler feierte Costner 1991 große Erfolge, in der Rolle des Robin Hood landete er in den deutschen Kinocharts auf Platz drei. Und noch ein Kevin begeisterte die Massen: Die Komödie „Kevin – Allein zu Haus“ mit Macaulay Culkin ist inzwischen ein Klassiker unter den Weihnachtsfilmen.

1. Der mit dem Wolf tanzt (6,723 Mio. Besucher)
2. Kevin – Allein zu Haus (6,54 Mio. Besucher)
3. Robin Hood – König der Diebe (4,924 Mio. Besucher)
4. Terminator II – Tag der Abrechnung (4,654 Mio. Besucher)
5. Die nackte Kanone 2½ (4,145 Mio. Besucher)
6. Nicht ohne meine Tochter (4,105 Mio. Besucher)
7. Das Schweigen der Lämmer (3,968 Mio. Besucher)
8. Hot Shots! – Die Mutter aller Filme! (3,950 Mio. Besucher)
9. Pappa Ante Portas (3,543 Mio. Besucher)
10. Bernard und Bianca im Känguruland (3,087 Mio. Besucher)

Dieser Sound pustet einen um: die Musik des Jahres

Wer 1991 das Radio anschaltete, kam nicht um ihr markantes Pfeifen herum: Die „Scorpions" aus Hannover hatten mit ihrer Hitsingle „Wind of Change" den Soundtrack für das erste Jahr nach der deutschen Wiedervereinigung geschaffen – und platzierten das dazugehörige Album „Crazy World" ebenfalls auf Platz eins in den Hitlisten. Titel wie „Don't Talk Just Kiss" von Right Said Fred, „Let's Talk About Sex" von Salt 'n' Pepa, „Losing My Religion" von R.E.M. oder „Nothing Else Matters" von Metallica wurden zu Evergreens, die einem nicht mehr aus dem Ohr gingen, während die Jugend in den Berliner Untergrundclubs zu Technomusik feierte. Und das Queen-Album „Innuendo" setzte dem an Aids verstorbenen Sänger Freddie Mercury insbesondere mit dem Titel „The Show Must Go On" ein musikalisches Denkmal.

Singles

1. Scorpions – Wind of Change
2. Bryan Adams – (Everything I Do) I Do It For You
3. Enigma – Sadeness Part I
4. Roxette – Joyride
5. Kate Yanai – Bacardi Feeling (Summer Dreaming)
6. Torfrock – Beinhart
7. Vanilla Ice – Ice Ice Baby
8. Cher – The Shoop Shoop Song (It's In His Kiss)
9. Zucchero & Paul Young – Senza una donna (Without A Woman)
10. Diether Krebs – Ich bin der Martin, ne...?! (Martin My Love)

Alben

1. Scorpions – Crazy World
2. Roxette – Joyride
3. Phil Collins – Serious Hits ... Live!
4. Eurythmics – Greatest Hits
5. R.E.M. – Out Of Time
6. KuschelRock 4
7. Rod Steward – Vagabond Heart
8. AC/DC – The Razors Edge
9. Sting – The Soul Cages
10. Westernhagen – Live

Das alles geschah 1991

1. Januar: Das Stromeinspeisungsgesetz für Erneuerbare Energien (StrEG) tritt in Kraft. Damit wird die Stromerzeugung aus regenerativen Energien in Deutschland besonders gefördert.

15. Januar: Ringförmige Sonnenfinsternis in Australien und Neuseeland.

16. Januar: Beginn der Luftangriffe auf den Irak im Zuge des Zweiten Golfkriegs.

17. Januar: Beginn der militärischen Befreiung Kuwaits. Helmut Kohl wird vom ersten gesamtdeutschen Bundestag als Bundeskanzler wiedergewählt. König Harald V. wird neues Staatsoberhaupt in Norwegen.

1. Februar: Irakische Truppen ziehen sich aus saudischem Gebiet zurück.

6. Februar: Der Irak bricht die diplomatischen Beziehungen zu den USA, Großbritannien, Frankreich, Italien, Ägypten und Saudi-Arabien ab. Grund: „ungerechte militärische Aggression".

23. Februar: In Thailand wird die gewählte Regierung von einer Gruppe Offiziere in einem unblutigen Staatsstreich gestürzt.

28. Februar: Waffenstillstand mit dem Irak nach dem Zweiten Golfkrieg.

11. März: Der britische Nachrichtensender BBC World Service Television beginnt mit seinen Sendungen.

15. März: Der Zwei-plus-Vier-Vertrag zur Wiedervereinigung Deutschlands wird unter Zustimmung der Siegermächte des Zweiten Weltkriegs ratifiziert.

17. März: Bei Fußball-Legende Diego Maradona wird durch einen Drogentest der Gebrauch von Kokain nachgewiesen. Er wird entlassen und für 15 Monate gesperrt.

22. März: Die beiden Gladbecker Geiselnehmer werden vom Essener Landgericht wegen der Ermordung eines 15-Jährigen und einer 18-Jährigen im August 1988 zu lebenslanger Haft verurteilt.

31. März: Auflösung der militärischen Strukturen des Warschauer Pakts.

1. April: Der Vorsitzende der Treuhandanstalt, Detlev Karsten Rohwedder, wird in seiner Wohnung ermordet. Die Terrorgruppe RAF bekennt sich zu der Tat.

3. April: Waffenstillstandsresolution im Zweiten Golfkrieg. Sämtliche Massenvernichtungswaffen sowie Raketen mit über 150 km Reichweite müssen beseitigt werden.

5. April: Der Wissenschaftssatellit Compton Gamma Ray Observatory wird in die Erdumlaufbahn gebracht. Er soll das Universum nach Gammastrahlung durchsuchen.

19. April: Evander Holyfield gewinnt seinen Boxkampf und den Weltmeistertitel im Schwergewicht gegen George Foreman durch Sieg nach Punkten.

29. April: Eine gewaltige Flutwelle zerstört die Küstenregionen Bangladeschs. Etwa 200.000 Menschen sterben, mindestens 500.000 werden obdachlos.

4. Mai: Carola gewinnt mit dem Lied „Fångad av en stormvind" für Schweden den 36. Eurovision Song Contest.

2. Juni: Der ICE startet seinen fahrplanmäßigen Betrieb im Hochgeschwindigkeitsverkehr der Deutschen Bundesbahn.

12. Juni: Boris Jelzin wird mit 57,3 % der Stimmen zum ersten Präsidenten Russlands erkoren, der direkt vom Volk gewählt wurde.

15. Juni: Der 1. FC Kaiserslautern wird zum dritten Mal deutscher Fußballmeister. Er besiegt den 1. FC Köln mit 6:2.

17. Juni: „Vertrag über gute Nachbarschaft und freundschaftliche Zusammenarbeit" zwischen Deutschland und Polen.

20. Juni: Der Bundestag beschließt den Umzug von Bonn nach Berlin.

1. Juli: Auflösung des Warschauer Pakts; Schweden beantragt die Mitgliedschaft in der EU.

6. August: Der britische Informatiker Tim Berners-Lee veröffentlicht die erste Webseite und startet damit das World Wide Web.

20. August: Estland erklärt seine Unabhängigkeit von Russland.

21. August: Lettland setzt seine Verfassung von 1922 wieder in Kraft und wird unabhängig.

24. August: Die Ukraine wird unabhängig.

27. August: Moldawien wird unabhängig.

31. August: Kirgisistan und Usbekistan werden unabhängig.

8. September: Mazedonien wird unabhängig.

9. September: Tadschikistan wird unabhängig.

19. September: Zwei Wanderer finden in den Südtiroler Alpen die Gletschermumie Ötzi.

21. September: Armenien wird unabhängig.

26. September: In der Wüste des US-Bundesstaats Arizona startet das Projekt Biosphere 2. In einem Glashaus soll über einen Zeitraum von zwei Jahren ein sich selbst erhaltendes Ökosystem simuliert werden.

28. September: Rockbands wie AC/DC und Metallica spielen bei einem riesigen Konzert der Monsters-of-Rock-Tour in Moskau vor rund 500.000 Zuschauern.

1. Oktober: Beginn der Schlacht um Dubrovnik zwischen der Jugoslawischen Volksarmee und kroatischen Verteidigern der Stadt im Kroatienkrieg.

25. Oktober: Das Langstreckenflugzeug Airbus A340 hebt zu seinem Erstflug ab.

27. Oktober: Erste demokratische Wahlen in Polen.

31. Oktober: Erste freie Präsidentschafts- und Parlamentswahlen in Sambia. Der seit 1964 regierende Kenneth Kaunda wird abgewählt.

6. November: 47 Frauen in Riad (Saudi-Arabien) fahren im Autokonvoi durch die Stadt. Das ist die erste Frauenaktion der saudischen Geschichte. In Russland wird währenddessen der sowjetische Geheimdienst KGB aufgelöst, weil er in den Augustputsch in Moskau verwickelt war.

3. Dezember: Die Vollversammlung der Vereinten Nationen wählt als ersten Vertreter einer afrikanischen Nation den Ägypter Boutros Boutros-Ghali zum neuen Generalsekretär.

8. Dezember: Russland, die Ukraine und Weißrussland beschließen die Auflösung der Sowjetunion und die Gründung der Gemeinschaft Unabhängiger Staaten (GUS).

9. Dezember: Der Europäische Rat erzielt in Maastricht eine Einigung über den Entwurf des Vertrags über die Europäische Union.

16. Dezember: Kasachstan wird unabhängig.

24. Dezember: Russland bekommt einen ständigen Sitz im Sicherheitsrat der Vereinten Nationen.

25. Dezember: Michail Gorbatschow tritt von seinem Amt als Präsident der Sowjetunion zurück.

31. Dezember: Die Sowjetunion hört offiziell auf zu bestehen. Letzter Sendetag des Deutschen Fernsehfunks, des früheren DDR-Fernsehens.

Technik in den Kinderzimmern: Mini-Stars und kleine Spielekonsolen

Holzspielzeug, Bauklötze, Puppen? Klar, die klassischen Spielzeuge fand man noch in den Kinderzimmern des Jahres 1991. Doch die rasante technische Entwicklung machte auch vor den Jüngsten nicht halt. Schränke und Regale (und im Regelfall auch der Fußboden) wurden immer häufiger von batteriebetriebenen Gadgets blockiert: von ferngesteuerten Autos, sprechenden und selbstfahrenden Robotern, von Miniatur-Haushaltgeräten mit Funktionen oder Actionfiguren, die auf Knopfdruck Geräusche machten. Lego und Playmobil lieferten sich weiterhin ein Rennen um die Gunst von Eltern und Kindern und setzten ihre Produkte in Form von Eisenbahnen & Co. unter Strom. Hörspielkassetten spielten den Soundtrack der Kindheit: Benjamin Blümchen, Fünf Freunde, Die drei Fragezeichen, TKKG, der Li-La-Launebär oder die „Kinderhitparade“, in der die Hit Kids von RTL auf Deutsch umgetextete Charthits sangen.

Wer schon einen Fernseher oder tolerante Eltern im Wohnzimmer (im Westen häufiger als im Osten) oder tolerante Eltern hatte, konnte erstmals in der ARD den „Disney Club“ oder „Neues vom Süderhof“ schauen. Umstrittener war die „Mini Playback Show“ auf RTLplus mit Marijke Amado: Hier eiferten Kinder ihren Stars nach und tanzten verkleidet zu einem Playback ihres Lieblingssongs – um danach von einer dreiköpfigen Jury bewertet zu werden. Kritiker sprachen von „Kinderarbeit“, „Schinderei“ oder einer „Päderastenshow“, wie der „Spiegel“ es nannte.

Draußen strampelten sich die Kinder auf Fahrrädern in fragwürdigen Farbkombinationen, auf Kettcars oder auf Trettreckern ab, aber auch kleine Jeeps mit Elektromotoren rumpelten immer häufiger auf den Gehwegen. Auf sogenannten Pedalos versuchten die Geschickten, das Gleichgewicht zu halten.

Seit einem Jahr war der Game Boy von Nintendo auch in Deutschland erhältlich und sorgte für erbitterte Duelle bei Super Mario und Tetris. Sein großer Konsolenbruder Super Nintendo war bereits 1990 präsentiert worden, ließ aber in Deutschland noch bis August 1992 auf sich warten, während das Sega Mega Drive seit Ende 1990 in den Läden stand – rechtzeitig zum Weihnachtsgeschäft.

Der Computer wird empfindlich für Berührungen

Klobig, mit großer, klappernder Tastatur – und an der Bedienbarkeit haperte es auch noch ziemlich: Wer sich 1991 einen Computer zulegte und seine Funktionen wirklich ausnutzen wollte, brauchte immer noch Expertenwissen. Für den Massenmarkt hatte Microsoft im Vorjahr gerade erst Windows 3.0 vorgestellt, das aufgrund seiner verbesserten grafischen Oberfläche den Durchbruch schaffte – und auch Apple hatte mit seinem System 7 ein neues Betriebssystem auf den Markt gebracht. Doch auf dem PC-Markt gab es einen weiteren Trend: Computer mit Handschrifteingabe. 1991 entstand ein wahrer Run auf diese Technologie.

1991 stellte die amerikanische GO Corporation ihr Betriebssystem für Geräte vor, die mit einem Stift als Eingabequelle funktionierten. Mit einfachem Tippen auf ein Symbol konnte man Programme starten, verschiedene Gesten erleichterten die Bedienung.

Mit IBM als Investor legte GO noch im selben Jahr einen Prototyp für einen tragbaren Computer ohne Tastatur vor – den Vorgänger des Tablets. Hard- und Softwareprobleme machten dem Unternehmen aber schwer zu schaffen, sodass das fertige Gerät erst zwei Jahre später gezeigt werden konnte.

Auch Hersteller NCR präsentierte ein Gerät, das sich einfach per Blockschrift bedienen lassen sollte. Ähnlich wie ein Tablet heute war es im DIN-A4-Format gestaltet, verzichtete aber auf eine Tastatur und ließ sich mit speziellen Befehlszeichen und Blockbuchstaben bedienen, die dann in Programmbefehle umgewandelt wurden. Das sogenannte Notepad richtete sich besonders an Vertreter oder Handelsreisende, die häufig kurze Notizen machen oder mit Listen zum Abhaken arbeiten mussten. Und wenn es mit dem Display doch unkomfortabel wurde, konnte man im Notfall auch eine Tastatur anschließen.

Wiederbespielbar, aber erfolglos: die MiniDisc

Berlin, Messegelände. Auf dem IFA-Stand von Sony scharten sich Fachpublikum und andere Besucher um eine Neuheit, die die Musikkassette endgültig ablösen sollte: die MiniDisc (MD). Ein Tonträger ähnlich einer Diskette, beliebig oft wiederbespielbar – und dank stationärer wie auch tragbarer Player überallhin leicht mitzunehmen.

Zwar hatte die CD der Schallplatte aus Vinyl bereits den Garaus gemacht, aber Brenner für den Hausgebrauch, um sie selbst zu bespielen, gab es zu diesem Zeitpunkt nicht. Wer sich also seine Lieblingsmusik zusammenstellen wollte, musste immer noch vor dem Kassettenrekorder sitzen und alles mühsam in Echtzeit überspielen – enorme Qualitätseinbußen inklusive.

Das sollte die MD besser machen: Dank ihres Gehäuses war sie deutlich robuster als eine CD, funktionierte aber ansonsten ähnlich: Wurde sie in den Player geschoben, öffnete sich an der Seite des Gehäuses ein Schieber. So konnte ein Laser die im Gehäuse liegende Scheibe abtasten.

Zwar hatte die MD aufgrund ihrer Größe weniger Speicherkapazität als eine CD (ca. 170 statt 700 MB), doch dank einer Codierung wie beim MP3-Format wurden bei den Audioinhalten hauptsächlich Frequenzen entfernt, die vom menschlichen Gehirn nicht verarbeitet werden konnten. So hielten sich die Qualitätseinbußen bei ähnlicher Spielzeit im Rahmen. Als Nutzer konnte man Lieder oder andere Sprachdateien aufnehmen, beschriften (sodass die Titel auf dem Display angezeigt wurden), neu anordnen oder einzeln löschen. Tragbare Player machten die MD ideal für Reisen, aber auch Radiosender arbeiteten wegen der einfachen Handhabung häufig mit den Geräten.

Ursprünglich sollten auch zahlreiche fertig bespielte MiniDiscs auf den Markt kommen. Doch das Geschäft lief schlecht: Die Kunden waren nicht bereit, auf ein weiteres neues Format umzusteigen, und kauften weiterhin CDs. Die Musikverlage reagierten darauf und verzichteten auf MD-Versionen. So wurde die MiniDisc hierzulande zu einem Randphänomen von Technikfreaks, in Japan hingegen war sie fast ebenso erfolgreich wie die CD. Trotz einiger technischer Fortschritte wie dem Überspielen von Musik per USB ab 2001 wurde die Nachfrage nicht merklich angekurbelt. Als schließlich das MP3-Format aufkam, bedeutete dies das Ende für die MD: 2011 kündigte Sony an, die Produktion der tragbaren Geräte einzustellen.

Bigger isn't better: von 16:9-Fernsehern und dem Videoboom

Das Durchschnittswohnzimmer Anfang der 1990er-Jahre – noch gab es einige sichtbare Unterschiede zwischen Ost und West, doch in einigen Details waren sich die Deutschen einig: Eine große Schrankwand, ein klobiges Sofa (die ganz modernen hatten dazu noch wilde Muster) und eine Stereoanlage mit CD-Player, Plattenspieler und Kassettendeck (gern auch als angesagter Tower angeordnet) waren in der Regel Standard – und nicht zu vergessen der Röhrenfernseher. 1,4 Geräte waren es im Schnitt pro Haushalt, in ganz Deutschland 24 Millionen – Tendenz steigend. Die Bildschirmdiagonale der braunen oder schwarzen bis zu 50 Kilogramm schweren Geräte betrug im Schnitt 72 Zentimeter, im WM-Jahr 1990 wurden 5,8 Millionen Fernseher zu einem Durchschnittspreis von umgerechnet 618 Euro verkauft. Führende Marken waren deutsche Hersteller wie Grundig oder Telefunken.

Doch das begann sich zu verändern: Nach der Wiedervereinigung begann im Osten ein Ansturm auf moderne Unterhaltungselektronik, und auch im Westen des Landes waren die Kunden in Kauflaune. Zwar lagen bei den Fernsehern europäische Marken immer noch vorn, doch mit einem Plus von 40 Prozent Umsatz (1,9 Milliarden D-Mark insgesamt) beherrschte ein anderes Unternehmen den Markt: Sony! Lange waren japanische Produkte in Discountern verramscht worden, doch während Grundig & Co. immer mehr Marktanteile verloren, legte Sony zu – besonders bei jungen Leuten galten die Geräte als viel moderner als die deutsche Konkurrenz.

98 Prozent der Haushalte besaßen um 1991 ein Telefon, 32 Prozent einen Computer. Und auch der Videorekorder war in den Wohnzimmern angekommen: 54 Prozent hatten ein solches Gerät, und dank drastisch gefallener Preise wurden rund 20 Millionen Filme auf VHS verkauft. Vier Jahre zuvor waren es gerade einmal 1,5 Millionen gewesen. Auch die öffentlich-rechtlichen Rundfunkanstalten sprangen auf diesen Zug auf und boten Erfolgsserien wie das „Ohnsorgtheater" als Kaufkassette an.

Doch nicht nur Retrofreunde kamen auf ihre Kosten, denn das Jahr 1991 hielt noch weitere Neuerungen bereit: Am 28. Februar startete der Bezahl-TV-Sender Premiere seinen Betrieb – mit Filmneuheiten, die im normalen Fernsehen noch nicht kostenlos zu sehen waren, Live-Sport, Dokumentationen und Konzerten. Und das bis 1997 alles auf einem Kanal! Lange hatte Premiere aber Geldsorgen: Die Deutschen waren einfach nicht bereit, mehr fürs Fernsehen auszugeben, als unbedingt nötig.

Eingeführt wurde auch eine neue Technik im Fernsehen: Das Bild wurde dreidimensional! Versuche mit Rot-Grün-Brillen und Schwarz-Weiß-Filmen hatte es schon gegeben, nun sollte das Bild deutlich schärfer und in Farbe sein – eine Brille für 2,95 D-Mark vorausgesetzt. Doch obwohl auch RTL mit der frivolen Nacktshow „Tutti Frutti" auf den Zug aufsprang, konnte sich das Publikum nicht für das Nuoptix genannte Verfahren erwärmen – und schaute lieber ohne Brille. Das funktionierte bei Nuoptix nämlich ebenfalls.

Und noch eine Neuerung: Der französische Thomson-Konzern (u. a. Telefunken, Nordmende) präsentierte im März seinen ersten Fernseher im 16:9-Format für fast 9.000 D-Mark. Das war fast das Vierfache des Preises für ein herkömmliches Gerät. Und während man sich in Deutschland noch fragte, wer sich so etwas kaufen sollte und was man gegen die durch die analoge Ausstrahlung schlechte Bildqualität tun könnte, führte Japan im November das hochauflösende HDTV-System „High Vision" ein – auch im Format 16:9, aber mit deutlich brillanterem Bild.

Mit Vollgas ins Hochgeschwindigkeitszeitalter

Aus allen Himmelsrichtungen ab nach Kassel: Mit einer Sternfahrt zum neu gebauten Bahnhof Wilhelmshöhe startete am 29. Mai der Hochgeschwindigkeitszugverkehr in Deutschland – im internationalen Vergleich ziemlich spät. In Japan fuhr der erste Shikansen schon 1964, der französische TGV war 1981 an den Start gegangen. Das beeindruckte die Deutschen wenig, günstige Schnupperfahrten im neuen Inter City Express (kurz ICE) waren ruck, zuck ausverkauft. Am 2. Juni schließlich fuhr der erste weiße, aerodynamisch glatte Zug mit dem markanten Zierstreifen und der Nummer 593 fahrplanmäßig von Hamburg-Altona über Hannover, Kassel, Frankfurt und Stuttgart nach München. Stündlich fuhren die neuen Züge die Strecke in nur sieben Stunden!

Die Vorbereitungen für den ICE stellten sich als mühsam und teuer heraus: Ein Konsortium aus 13 Unternehmen war seit 1983 an der Entwicklung beteiligt gewesen, 427 Kilometer Schnellfahrstrecke mussten neu gebaut werden, Kosten: 16 Milliarden D-Mark. Hinzu kamen die neuen Züge mit einem Stückpreis von über 50 Millionen D-Mark.

Das schlug sich auch auf die Fahrpreise nieder: Wenn man schneller ans Ziel kommen wollte, zahlte man im Vergleich zum etwas langsameren IC einen Aufpreis. 19 D-Mark waren es in der zweiten, 27 D-Mark in der ersten Klasse. Wer mit dem ICE ins Gebiet der ehemaligen DDR reisen wollte, wurde 1991 allerdings enttäuscht. Das Netz musste erst aufgebaut werden. 1998 ging die Strecke über Wolfsburg nach Berlin in Betrieb, seit 2002 verbindet eine neue Strecke Frankfurt und Köln. Dort erreichen die Züge eine Geschwindigkeit von über 300 km/h!

Doch nicht nur das Schienennetz war für Deutschland revolutionär, sondern auch das Zugkonzept: Geschwindigkeiten bis zu 280 km/h (statt 200 beim IC) waren möglich, auch der Antrieb war neu – weg vom klassischen Gespann mit Lok hin zu zwei Triebköpfen. Für die Wartung wurde der 358 Meter lange weiße Wurm komplett ins Werk gerollt, statt Wagen für Wagen zu warten und zu reparieren. Darüber hinaus hatten die Wagen erstmals breite und geschlossene Übergänge ohne Zwischentüren. Die breiten Waggons ermöglichten große Sitzabstände, die Sitze selbst waren auf hohen Komfort ausgelegt.

Die Lokführer bekamen ihre Daten per Lichtwellenleiter übertragen, auf einem Display wurden die Quellen technischer Fehler angezeigt. Die Fahrgäste freuten sich über voll klimatisierte Wagen (die Fenster konnte man nicht öffnen) und ein Audiomodul mit acht Kanälen in den Sitzen. Für Geschäftsreisende gab es sogar einen Konferenzraum mit Schreibmaschine und Faxgerät! Kritik folgte einige Monate später: Reisende bemängelten, dass der Zug mit seinen 700 Sitzplätzen oft überfüllt sei und entsprechend auch Bordrestaurant und Bordbistro mit ihren insgesamt 36 Plätzen ständig belegt seien. In den folgenden Jahren gab es immer wieder Änderungen und Modernisierungen: 1994 kam die neue Generation, der ICE 2, ab 2005 wurden die ICE-Züge der ersten Generation grundlegend modernisiert.

Ein Kommen und Gehen: die Promi-Geburtstagskinder 1991

Schauspieler Klaus Kinski, Musiker Freddie Mercury, Star-Trek-Schöpfer Gene Rodenberry, Sänger Roy Black, Musiker Miles Davis, Schriftsteller Max Frisch – 1991 haben bekannte und beliebte Promis unsere Welt verlassen. In diesem Jahr wurden aber auch einige Kinder geboren, die heute berühmt sind. Das sind sie:

7. Februar: Spencer Elden (US-Künstler, Babymodel des Nirvana-Albums „Nevermind")

17. Februar: Ed Sheeran (britischer Musiker)

17. Februar: Bonnie Wright (britische Schauspielerin, „Harry Potter")

19. Februar: Christoph Kramer (deutscher Fußballprofi)

3. März: Andreas Wolff, deutscher Handballtorwart

21. März: Antoine Griezmann (französischer Fußballprofi)

23. Mai: Lena Meyer-Landrut (deutsche Sängerin)

27. Juli: Faisal Kawusi (deutscher Comedian)

9. Dezember: Johannes Rydzek (deutscher Nordischer Kombinierer, Sportler des Jahres 2017)

23. Dezember: Rebecca Mir (deutsche Moderatorin, Gewinnerin „Germany's Next Topmodel")

24. Dezember: Louis Tomlinson (Sänger der Band „One Direction")

27. Dezember: Jimi Blue Ochsenknecht (deutscher Musiker und Schauspieler)

Der Computer wird zur Multimedia-Maschine

Medienwiedergabe! Ein Soundrekorder! Ein CD-Player! Mit der Einführung von Windows 3.0 mit Media Extensions war das Microsoft-Betriebssystem ab Ende 1991 erstmals in der Lage, Soundkarten anzusprechen. Damit konnten Computer plötzlich nicht mehr nur Pieptöne von sich geben, sondern auch richtige Sounddateien mit echten Klängen. Ein wichtiges Tool dafür: die Medienwiedergabe, heute in neueren Versionen als Windows Media Player bekannt. Zum Start war diese Windows-Version nur auf CD-ROM erhältlich – und Computer mit CD-Laufwerk und Soundkarte waren zu dieser Zeit noch extrem teuer und selten.

Auch Apple hatte seit 1990 mit seiner QuickTime-Architektur die Rechner immer mehr zu Multimedia-Maschinen gemacht: Schon in der ersten Version konnte man Videos abspielen, wenngleich in einer extrem kleinen Auflösung – und das ohne zusätzliche Hardware!

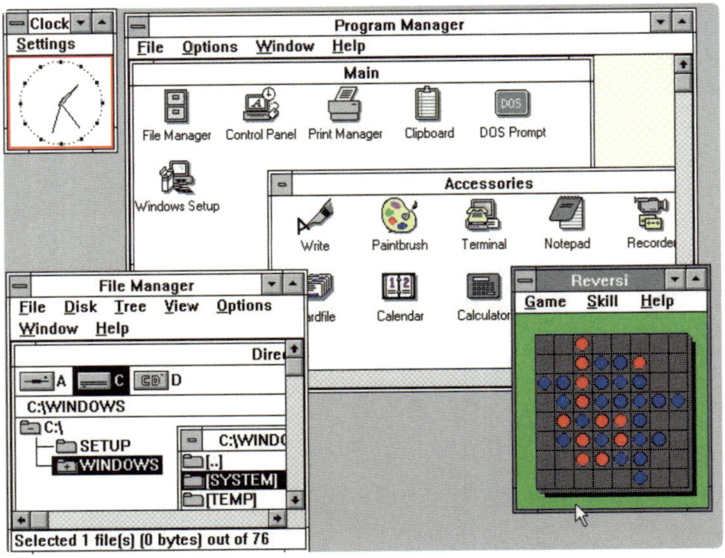

Während sich also bei den Heimcomputern langsam die Zukunft entwickelte und auf ihren Massendurchbruch wartete, waren die großen Systeme schon einen Schritt weiter: Auf der Hannover Messe, so schrieb der Spiegel, waren plötzlich Manager mit Anzug und Krawatte unterwegs, die klobige Brillen im Gesicht trugen, sich im Kreis drehten und merkwürdige Bewegungen mit den Händen machten. Der Grund: Sie waren in der „Virtual Reality“ oder dem „Cyberspace“, wie das Ganze damals genannt wurde, unterwegs. Dreidimensionale Welten wurden vor den Augen der Nutzer simuliert, eine Kopfbewegung änderte auch den Blickwinkel. Dazu brauchte es neben einem Computer zwei weitere Grafikrechner, eine Spezialbrille mit eingebauten kleinen LCD-Displays und Bewegungssensoren sowie einen Handschuh, mit dem man die virtuelle Welt bedienen und sich darin fortbewegen konnte. Günstig war das Ganze nicht: Einfache Systeme, beispielsweise für Spielhallen, kosteten rund 50.000 D-Mark, größere Systeme sogar locker das Dreifache. Mehr als 30 Jahre später ist VR zwar nicht mehr ganz so teuer, doch zum Massenphänomen ist sie noch immer nicht geworden.

Vier gewinnt nicht immer: Jungfernflug des Airbus A340

Viele Menschen über lange Strecken durch die Luft transportieren? Für Kurzstrecken hatte Airbus Anfang der 1990er den A320 im Programm, auch für Mittelstrecken (A300) und weitere Distanzen mit einer eher kleinen Passagierzahl (A310) gab es einen geeigneten Flugzeugtyp – aber eben keinen für mehr als 280 Passagiere auf der Langstrecke. Die Lösung wurde am 5. Oktober präsentiert: der A340. In der Grundversion (A340-300) fanden (je nach Airline) bis zu 295 Passagiere in der Maschine Platz und konnten bis zu 12.400 Kilometer weit ohne Zwischenstopp reisen.

Besonderheit des neuen Airbus: Er hatte nicht nur eine digitale Fly-by-Wire-Steuerung (zum ersten Mal in einem zivilen Flugzeug also eine Steuerung ohne mechanische Teile), sondern auch vier Triebwerke! Das war nicht neu in der Luftfahrt, doch es sollte dem A340 den Planungen zufolge große Vorteile bringen. Denn die Konkurrenz war entweder veraltet (McDonnell Douglas DC-10, Lockheed L-1011) oder hatte eben nur zwei Triebwerke (Boeing 767). Und genau das brachte auf der Langstrecke Anfang der 1990er-Jahre Nachteile: Die Behörden schrieben vor, dass Flugzeuge mit zwei Triebwerken immer in der Nähe von Landeplätzen fliegen mussten. Das führte bei Atlantiküberquerungen zu deutlich höheren Treibstoffkosten – für vierstrahlige Flugzeuge galt diese Vorschrift allerdings nicht.

Der A340 wurde parallel zum fast baugleichen, aber zweistrahligen A330 entwickelt. Das sollte die Wartungskosten und auch die Ausbildungskosten für die Piloten senken, da die Bedienung grundsätzlich gleich war. Ende 1992 bekam der A340 die Zulassung – und brach Rekorde, unter anderem für den längsten Nonstop-Flug und die schnellste Weltumrundung.

Doch so erfolgreich wie ursprünglich geplant war der A340 nicht: Trotz neuer Varianten, die ihn 2002 zum längsten Passagierflugzeug der Welt machten, stachen ihn die zweistrahligen Maschinen am Ende doch aus. Zum einen waren die Regularien für diese gelockert worden, zum anderen stieg der Ölpreis. Hier konnte der A340 nicht mithalten, denn der Verbrauch und die Wartungskosten für vier Triebwerke waren in der Realität deutlich höher. Im November 2011 verkündete Airbus das Ende des A340. Bis zum Produktionsstopp wurden 377 Maschinen dieses Typs gebaut, größter Abnehmer war die Lufthansa mit insgesamt 59 Exemplaren. Sein Nachfolger, der A350, hat übrigens zwei Triebwerke.

Wirtschafts-News

Mit der deutschen Wiedervereinigung entstand auch wieder ein gesamtdeutscher Wirtschaftsraum – allerdings mit vollkommen unterschiedlichen Vorzeichen: Im Westen boomte die Wirtschaft, da sich viele Bürger der ehemaligen DDR mit westlichen Konsumgütern ausrüsteten. Die starke Konjunktur führte schließlich auch im Westen dazu, dass der private Verbrauch stieg. Mitte 1991 kam dieses Sonderwachstum allerdings langsam zum Erliegen. Im Osten sank das Bruttosozialprodukt im Vergleich zum Vorjahr um 35 Prozent – und die Zahl der Erwerbstätigen sank im Vergleich zu 1989 um knapp drei Millionen auf rund 6,6 Millionen.

Am 30. April flog die ehemalige DDR-Staatsairline Interflug zum letzten Mal nach Wien. Weil das Unternehmen monatlich eine Million D-Mark Minus machte, wurde es aufgelöst. Etwa 1.000 Mitarbeiter wechselten zur Deutschen Lufthansa.

Die europäischen Hersteller von Computerchips gerieten in massive Schwierigkeiten. Rund 80 Prozent der in Europa verwendeten Computer kamen aus Asien oder den USA. Auch in der Unterhaltungselektronik hechelten die Europäer hinterher. Es fehlte an gemeinsamen Normen, der Rückstand insbesondere in der Halbleitertechnologie wuchs. Schnell wurde der Ruf nach Handelsbeschränkungen laut.

Die Ernährungsgewohnheiten veränderten sich – und damit stieg auch die Flut an Verpackungen: Knapp 30 Prozent des Hausmülls in Deutschland bestanden aus Verpackungsmaterial, die dazugehörige Industrie machte fast 36 Milliarden D-Mark Umsatz im Jahr. Der Grund: Durch Tiefkühlkost, kleinere Portionen und Schnellgerichte wurden mehr Kunststoff- und Aluverpackungen benötigt.

Die Zahl der Kinogänger in Deutschland stieg deutlich an. Im Trend lagen große Multiplexkinos, beispielsweise der Cinedom in Köln, der Ende des Jahres eröffnet wurde. Kleinere Kinos fürchteten um ihre Existenz. Einbußen von bis zu 20 Prozent wurden in den ersten Städten vermeldet, in denen sich UCI, Cinemaxx & Co. breitmachten.

Gut gemeint und trotzdem kein Knaller: Sega Game Gear

Er hatte ein Farbdisplay, eine bessere Grafik, einen besseren Sound, konnte per Adapter das Fernsehprogramm empfangen und ließ sich deutlich besser in der Hand halten. Und trotzdem war der Sega Game Gear lange nicht so erfolgreich wie der Game Boy von Nintendo. Warum eigentlich?

1990 kam Segas Antwort auf den grauen Klotz in Japan auf den Markt, in Deutschland lag er 1991 in den Ladenregalen. Technisch gesehen, war er eine leicht verbesserte Version des Sega-Master-Systems, das seit 1985 als Konkurrent zum Nintendo NES gehandelt wurde. Aufgrund einer geringen Zahl an guten Spieletiteln hatte sich sein Erfolg aber stark in Grenzen gehalten. Und diese Schwäche erbte der Game Gear: Seine Form war modern, die Spieleauswahl aber gering. Das lag unter anderem daran, dass sich viele Entwickler schon auf die Programmierung für den Game Boy fokussiert hatten, der ein Jahr früher auf den Markt gekommen war.

Und dann waren da noch zwei Schwächen, die den Game Gear technisch hinter dem Game Boy zurückbleiben ließen: Nicht nur, dass er mit 300 D-Mark fast doppelt so teuer war wie der Game Boy – darüber hinaus nervte sein Hunger nach Strom: Die sechs Batterien hielten wegen des hintergrundbeleuchteten Displays im Schnitt etwa fünf bis sechs Stunden, ein zusätzliches Akkupack brachte vier zusätzliche Stunden. Der Game Boy hingegen schaffte rund 14 Stunden mit vier Batterien. So begann eine Abwärtsspirale: Wegen der geringen Verkaufszahlen fanden sich kaum neue Spieleentwickler, und mangels Spielen kauften ihn nur wenige. Elf Millionen Mal wurde der Game Gear schließlich weltweit verkauft – der Game Boy fand über 118 Millionen Kunden.

Doch auch wenn der Game Gear kein großer Erfolg für Sega war – die große Konsole Mega Drive (kam 1990) war es, und ebenso eine Spielfigur, die zum Symbol der Marke werden sollte: Sonic the Hedgehog, ein blauer Igel, der sich in einem 2-D-Jump 'n' Run-Game durch die Level arbeitete, um den bösen Dr. Ivo Robotnik zu besiegen. Das Spiel verkaufte sich 22,22 Millionen Mal und wuchs mit den Jahren zu einer riesigen Reihe mit unterschiedlichen Ansätzen, Versionen und Neuauflagen. Inzwischen lebt Sonic auch in Smartphone-Spielen und im Kino weiter.

Mit antiker Geschichte zum Besteller: der Renault Clio

Was für ein Charmeur! Der Renault Clio fand in seiner ersten Generation (1990 bis 1998) über drei Millionen Käufer. Mit seinen kompakten Maßen (3,70 Meter lang) war er schließlich auch perfekt als Zweitauto oder als Flitzer für Landstraße und Stadt geeignet – und der Name Clio war bei Renault eine Revolution: Erstmals war ein Modell bei den Franzosen nicht durchnummeriert, wie sonst üblich, sondern trug den Namen der griechischen Muse der Geschichtsschreibung.

Als indirekter Nachfolger des Renault 5 traf er den Geschmack seiner Zeit: Die internationale Jury des „Auto des Jahres"-Awards lobte bei seiner Ernennung zum Auto des Jahres „außergewöhnlichen Stil, gutes Qualitätsniveau, großzügig bemessenen Innenraum und Gepäckabteil sowie eine Ausstattungsfülle wie nie zuvor in einem Fahrzeug dieser Größe von einem Großserienhersteller". Wer mit ihm über buckelige Pisten fahren musste, freute sich über das angenehme Fahrwerk und die weichen Sitze.

Doch mit langfristiger Zuverlässigkeit konnte der kleine Franzose nicht punkten, vor allem bei der Elektrik kamen recht schnell erste Macken auf. Dafür erwiesen sich die Motoren aber als ziemlich haltbar. Besonders spaßig: der 16V, der den kleinen Clio die 200-km/h-Mauer brechen ließ. Nicht nur charmant also, sondern auch ziemlich flott!

Auto-Neuheiten: das Duell der Kompaktklasse

BMWs neuestes Projekt fährt bis zu 250 Kilometer weit – und das rein elektrisch. VW zeigt einen Hybriden, Fiat einen Elektrokleinstwagen, Ford und Opel machen große Elektroankündigungen, und Mercedes setzt sein Massenmodell unter Strom: Was alles nach Gegenwart klingt, stand auf der IAA 1991. Doch bis E-Autos schließlich die Großserie eroberten, sollten noch mehr als zwei Jahrzehnte vergehen. Andere Entwicklungen hingegen waren hochaktuell: Hyundai machte sich für den Marktstart in Europa bereit, und BMW brachte beim luxuriösen 7er erstmals Xenonscheinwerfer auf den Markt, die deutlich heller waren als die üblichen Halogenlampen. Und im Kompaktsegment

bahnte sich ein neuer Klassenkampf an: Während in Zwickau der letzte Trabant vom Band lief, machten sich Opel und VW bereit für den Produktionsstart ihrer neuen Modelle. Schon im Vorjahr hatte Ford den neuen Escort auf den Markt gebracht, nun löste bei Opel der Astra den betagten Kadett ab, und bei VW gab es mit dem Golf III einen kräftigen Modernisierungsschub. Qualitätsprobleme und veraltete Dieselmotoren beim Opel führten dazu, dass der Golf im sonst üblichen Kopf-an-Kopf-Rennen deutlich an Vorsprung gewann.

Weitere Neuheiten des Autojahres 1991

Mercedes S-Klasse, Baureihe 140 – vernetzte Steuergeräte, viele recyclingfähige Teile und ein dicker Zwölfzylinder mit 408 PS: Das neue Mercedes-Dickschiff war damals so breit, dass es anfangs auf den Autozügen nach Sylt nur auf den Wagen für Lkw transportiert werden konnte!

Porsche 968: Der Nachfolger des 944 erinnerte mit seinen Klappscheinwerfern stark an den 928. Sein großer Nachteil: Ihn gab es serienmäßig nur als Vierzylinder, aber mit immerhin 240 PS, für mindestens 89.800 D-Mark. Nur 11.300 Exemplare wurden verkauft.

Fiat Cinquecento: Nach über 20 Jahren brachte Fiat endlich wieder einen 500er auf den Markt. Mit winzigen Ausmaßen (3,23 Meter Länge) und 39 PS war er ein perfektes Einstiegsmodell – den charmanten Look des Urmodells konnte er aber nicht bieten.

Bugatti EB110 – zwölf Zylinder, 560 PS, in 3,3 Sekunden von 0 auf 100 km/h: Mit diesen Knallerwerten belebte Romano Artioli die legendäre Marke wieder. Doch das ambitionierte Projekt scheiterte, Grund war auch die sich verschlechternde Wirtschaftslage. 1995 wurde der letzte EB110 in Handarbeit hergestellt. Drei Jahre später kaufte der VW-Konzern die Design- und Namensrechte.

Ebenfalls neu: Audi 100 Avant, BMW 5er Touring, Ford Scorpio Turnier, Opel Frontera.

Fast lautlos über den See – trotz Motor!

Der Boom des Umweltschutzgedankens machte Anfang der 1990er-Jahre vor nichts halt: Mülltrennung mit dem Dualen System, auf der IAA präsentierten Massenhersteller wie VW oder BMW ihre Ideen für moderne E-Autos – und auf dem Wasser kamen die E-Boote in Mode.

Den Ansatz, Wasserfahrzeuge mit einem Elektromotor anzutreiben, gab es schon im ausgehenden 19. Jahrhundert. Doch die damalige Batterietechnik machte die Boote häufig ineffizient. Dabei bieten sie riesige Vorteile: Statt mit lautem Motorgeknatter gleiten sie fast so lautlos wie Segelboote übers Wasser, sind aber unabhängig vom Wind. Ein unschätzbarer Vorteil für Fahrten in Naturschutzgebieten oder in Gewässern, in denen Motorboote verboten sind. Einen neuen Twist in die Technik brachten die aufkommenden Fotovoltaikpanels: Per Sonnenkraft konnte man die Batterien einfach nachladen – und so im Idealfall fast unbegrenzt weit fahren.

In einer Werft in Bad Zwischenahn entstand ab 1989 das erste Solarboot, das 1991 in Serie gehen sollte. Seinen Strom sollte es ausschließlich aus den Solarzellen gewinnen, die auf einer Fläche von neun Quadratmetern auf dem Boot verteilt waren. Sieben Meter lang, Platz für vier Personen und bis zu 10 km/h Höchstgeschwindigkeit – damit sollte die „Solist" zumindest Freizeitkapitänen genügen, die bis zu acht Stunden lang auf Binnengewässern umherschippern wollten und das nötige Budget von 120.000 D-Mark hatten. Einen großen Schwachpunkt hatte das ganze Projekt aber: Der anschließende „Tankvorgang" dauerte ganze zwei Tage! Massentauglich war dieses Boot also nicht, und trotz einiger angebotener Probefahrttermine gelang der „Solist" nicht der große Seriendurchbruch.

Die Basis für solche Yachten hatte unter anderem ein Versuchsboot der Hochschule Konstanz gelegt: Die „Korona" war 1988 als eines der ersten Solarboote von Studenten unter Anleitung ihres Professors gebaut worden und schuf viele Grundlagen für die Konstruktion dieser Boote. Seit Mitte der 1990er-Jahre werden Solarschiffe in größerem Umfang für Touristenfahrten genutzt – Solaryachten für den Privatgebrauch sind auch heute ziemlich selten.

Gemeinsam in den Abgrund: Lemmings

Sie gehen stur geradeaus, bis sie irgendwo gegenlaufen, in eine neue Richtung gelenkt werden oder einen Abgrund hinunterfallen. Das klingt ziemlich dumm? Ja, es ist aber witzig! Denn hier kommt der Zocker des Jahres 1991 ins Spiel: Schafft er es, eine vorgegebene Anzahl der bis zu 100 nicht sonderlich intelligenten Lemminge bis zum Ausgang des Levels zu dirigieren?

Verschiedene Spezial-Lemminge helfen dabei, die Gruppe in die richtige Richtung zu lenken und ihr den Weg zu ebnen: Sie explodieren, lassen den Rest der Gruppe die Richtung wechseln oder springen mit dem Fallschirm ab.

Vier junge Programmierer, die ursprünglich eine andere Anwendung hatten schreiben wollen, hatten an den skurrilen Animationen der Figuren (zunächst in 16 x 16, dann in 8 x 8 Pixeln) so viel Gefallen gefunden, dass sie die erste Demoversion des Spiels 1989 dem Publisher Psygnosis vorstellten. Zwei Jahre später erschien die erste Version für den Atari – und wurde direkt zum Hit. In den folgenden Jahren entstanden immer mehr Versionen und Abwandlungen, die das Spiel zu einem wahren Evergreen machten. Inzwischen rettet man nicht nur Lemminge, sondern auch Steinzeitmenschen, Aliens, Mäuse oder Comic-Elefanten – doch witziger als die Original-Lemminge sind wohl keine Computerspielfiguren ums Leben gekommen.

Die Besten des Jahres

Viele Spieleneuheiten prägten das Computerjahr 1991 – und die Softwarepiraterie wurde zum ernst zu nehmenden Problem: Dem Marktforschungsinstitut IDC zufolge wurde jedes Softwarepaket mindestens zweimal kopiert und illegal weitergegeben. Der Schaden allein in Deutschland: 1,8 Milliarden D-Mark. Wie oft einzelne Spiele Opfer von Piraterie wurden, ist nicht überliefert – wohl aber, wie gut die Spiele in den Tests der damaligen Fachzeitschriften abschnitten. Das sind die besten zehn des Jahres:

PLATZ	TITEL
1	Monkey Island 2: Le Chucks Revenge
2	Falcon 3.0
3	Lemmings
4	Civilization
5	Secret Weapons of the Luftwaffe
6	Sim Earth: Der lebende Planet
7	Links: The Challenge of Golf
8	Battle Isle
9	Gunship 2000
10	Pools of Darkness

GSM: Der Mobilfunk wird digital

Mobil telefonieren im Ausland? Das konnte in den frühen 1990er-Jahren eine unüberwindbare Hürde sein. Denn noch gab es keinen weltweiten Standard für die Mobilfunknetze, außerdem hatten diese teilweise nur Kapazitäten für wenige Tausend Teilnehmer!

1991 kam der große Schritt, um die Netze aufeinander abzustimmen: Mit dem neuen GSM-Standard (Global System for Mobile Communications) sollten alle Besitzer eines Handys europaweit sowohl in normale Telefon- als auch in ISDN-Netze telefonieren können. Die Vorbereitungen hatten schon fast zehn Jahre zuvor begonnen: 1982 bildete sich in der Europäischen Konferenz der Verwaltungen für Post und Telekommunikation die erste Arbeitsgruppe, um die Standards der neuen Technologie festzulegen. In Deutschland wurde es ab 1989 konkret: Neben der Deutschen Bundespost erhielt auch der Mannesmann-Konzern die Lizenz, auf Basis von GSM ein eigenes Mobilfunknetz aufzubauen.

Schlüsselelement des GSM-Systems ist neben dem Mobiltelefon eine Basisstation, die über ihre Antennen mehrere Funkzellen bedient. Im Hintergrund arbeitet ein Vermittlungsteilsystem, das zwischen Funk- und regulärem Telefonnetz vermittelt und die Informationen über alle mobilen Nutzer innerhalb des Funknetzes speichert. Ein weiterer Teil im Netzwerk kümmert sich um den sogenannten paketvermittelten Teil GPRS, mit dem Daten übertragen werden, beispielsweise für SMS und später das mobile Internet.

Als 1992 die ersten Handys auf Basis von GSM auf den Markt kamen, bedeutete das den Durchbruch für die Mobiltelefonie: Aufgrund der Konkurrenzsituation der Anbieter (Bundespost/Telekom mit dem D1-Netz, Mannesmann mit D2) und der freien Preisgestaltung sanken die Preise zügig. Mit Einführung des E-GSM-Netzes Mitte der 90er-Jahre, neuen Tarifmodellen und immer besseren Telefonen konnte man dann plötzlich im und ins In- und Ausland telefonieren. Inzwischen wackelt der GSM-Standard: Mehrere Länder erwägen, ihn abzuschalten und durch das 5G-Netz zu ersetzen.

Stammzellen als Heilmittel

In den 1980er-Jahren hatte die medizinische Forschung große Fortschritte in der Stammzellentherapie gemacht. Patienten mit Leukämie beispielsweise konnte die Transplantation von gesunden Stammzellen dabei helfen, wieder gesund zu werden.

Denn Stammzellen können sich teilen, regenerieren und sich zu roten oder weißen Blutkörperchen entwickeln. Wenn zum Beispiel nach einer Chemotherapie die weißen Blutkörperchen (zuständig für die Immunabwehr) geschädigt sind, kann das Immunsystem durch Stammzellen wieder aufgebaut werden.

1991 identifizierten und isolierten die Forscherin Ann Tsukamoto und ihr vierköpfiges Kollegenteam erstmals blutbildende Stammzellen. Dadurch war es noch besser möglich, die Krankheit zu verstehen und bestimmte Stammzellen zielgerichtet so einzusetzen, dass die Therapie höhere Erfolgschancen haben würde. Im selben Jahr gelang es einer anderen Forschergruppe, aus den Stammzellen von Mäuse-Embryos funktionsfähige Herzzellen zu isolieren, die fünf Jahre später erfolgreich in die Herzen kranker Mäuse transplantiert wurden.

Klar war aber auch: Es brauchte Gesetze, die die Gewinnung von Stammzellen ganz klar regulierten. Schließlich brauchte es Antworten darauf, ob man zu diesem Zweck Embryonen züchten und nutzen dürfe. In Deutschland gab es darauf eine klare Antwort: Seit 1991 ist die Erzeugung embryonaler Stammzellen nach dem Embryonenschutzgesetz verboten.

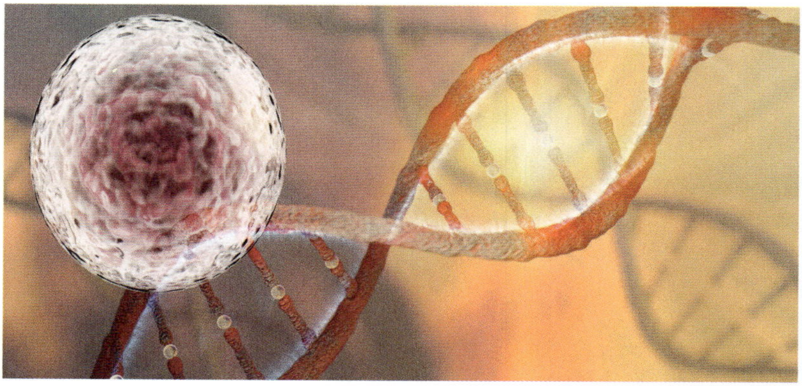

Wissenschafts-News

In diesem Jahr beobachtete ein deutsches Forschungsteam erstmals die Entstehung von Erzlagerstätten auf dem Boden des Südpazifiks – in dem U-Boot, mit dem auch das Wrack der legendären „Titanic“ erkundet worden war: der „Nautile“.

Ende November brachte die amerikanische Biblical Archeology Society eine unautorisierte zweibändige Faksimile-Dokumentation mit 1.787 Fotos bislang unveröffentlichter Bruchstücke der „Schriftrollen vom Toten Meer“ heraus, die unter anderem die bislang ältesten bekannten Bibelhandschriften enthalten. Ab 1947 waren aus mehreren Höhlen in der Nähe von Qumran zahlreiche gut erhaltene Schriftrollen sowie 75.000 Bruchstücke von insgesamt 575 Dokumenten geborgen worden – nach rund 2.000 Jahren. Die Schriftstücke waren jahrzehntelang von einer Fachkommission zur Auswertung unter Verschluss gehalten worden, die neue Ausgabe war nicht genehmigt – ein großes Konfliktpotenzial in der Wissenschaft.

Aids auf dem Vormarsch: In den 1980er-Jahren hatten sich zahlreiche Menschen mit dem HI-Virus infiziert, Anfang der 1990er starben etliche hetero- und homosexuelle Menschen an der Immunschwächekrankheit, darunter Promis wie Freddie Mercury oder Tennisstar Michael Westphal.

US-Geologen entdeckten in den Bundesstaaten North Dakota und Montana eine Vielzahl von Saurierskeletten. Deren Position ließ darauf schließen, dass die Population schnell dahingerafft worden war. Dies unterstützte die These des Forschers Luis Alvarez, der einen Asteroideneinschlag für das Aussterben der Dinos verantwortlich machte.

Bestleistungen für ein Tretboot: Am Massachusetts Institute of Technology (MIT) in Boston stellte eine Gruppe von Studenten unter Leitung ihres Professors einen Rekord mit einem muskelkraftbetriebenen Gleitboot auf. Der „Decavitator“, der eine Luftschraube als Antrieb nutzte, kam auf eine Spitzengeschwindigkeit von 34,23 km/h.

Der Mann aus dem Eis: Ötzi wird weltberühmt

Wissenschaftliche Entdeckungen sind nicht immer aufregend, sondern können manchmal auch ziemlich grausig sein: Als das Nürnberger Ehepaar Helmut und Erika Simon am 19. September 1991 von den Ötztaler Alpen (nur wenige Meter von der österreichischen Grenze entfernt in Italien) herabstieg, entdeckte es auf 3.200 Metern Höhe plötzlich eine braune Leiche, die mit dem Kopf und dem Rücken aus dem Eis ragte! Die beiden machten ein Foto und sagten einem Hüttenwirt Bescheid. War es ein Bergsteiger, der vor einiger Zeit dort verunglückt war? Noch ahnte niemand, um welche archäologische Sensation es sich handelte: die Mumie eines Mannes, der vor mehr als 5.000 Jahren gestorben war!

Auch bei den Wissenschaftlern, die den Leichnam untersuchten, dauerte es eine Weile, bis die Erkenntnis durchgedrungen war – zunächst hielten sie die Mumie für 100 Jahre alt, dann für einige Jahrhunderte. Schließlich wurden daraus mehrere Tausend Jahre. Und das machte den Fund so außergewöhnlich: Denn neben dem gut konservierten Körper gab es auch erhaltene Reste von Tierhäuten, Fell und Holz, einen Bogen mit Pfeilen, eine für diese Zeit wertvolle Bronzeaxt und weitere Werkzeuge, die mehr über das Leben in früheren Zeiten berichten können.

Offiziell heißt der Leichnam „Mann vom Tisenjoch" oder „Mumie/Eismann/Mann vom Similaun", doch in der Öffentlichkeit hat sich ein anderer Name eingebürgert: Ötzi! Den Spitznamen prägte der österreichische Journalist Karl Wendl, um die Geschichte menschlicher und sympathischer wirken zu lassen. Im angelsächsischen Raum trägt Ötzi den Namen „Frozen Fritz".

Doch woran war Ötzi gestorben? Die schwarze Lunge (wohl vom Rauch des Lagerfeuers), der heftige Wurmbefall, die schlechten Zähne, die Arthritis, die Magenkeime und die Gefäßverkalkungen waren für den etwa 45 Jahre alten Mann (ziemlich alt für diese Zeit) zwar sicherlich nicht angenehm, aber auch nicht tödlich. Die gebrochenen Rippen und die Pfeilspitze in seiner linken Schulter (er wurde von hinten getroffen) hingegen deuten darauf hin: Ötzi wurde umgebracht und ist möglicherweise an dieser Verletzung verblutet. Weitere Schnittwunden ließen Experten vermuten, dass dem Ganzen möglicherweise einige Tage zuvor ein Messerkampf vorausgegangen war. Auch ein Schädel-Hirn-Trauma als Folge dieses Kampfs wird als Todesursache gehandelt.

Der Fund war am Ende so aufsehenerregend, dass sich Wissenschaftler jahrzehntelang mit der Erforschung auseinandersetzen und sogar die Bronzezeit nachträglich 1.000 Jahre früher datiert wurde. 2011 wurde Ötzis DNA entschlüsselt (er hatte braune Augen und dunkle Haare), 2012 wurden sogar rote Blutkörperchen an der Leiche entdeckt, was nach einer solch langen Zeit extrem selten ist. 2016 wurden drei Rekonstruktionen mit einem 3-D-Drucker hergestellt, damit Ötzi in verschiedenen Museen zu sehen sein kann – das Original liegt nämlich seit 1998 bei minus sechs Grad im Archäologischen Museum in Bozen. Und die Experten müssen immer noch viele Rätsel lösen – beispielsweise, was die 61 Tätowierungen bedeuten und wer oder was Ötzi wirklich umgebracht hat.

Das Ehepaar Simon hatte hingegen von all dem zunächst nichts: Jahrelang kämpfte es um einen Finderlohn. Als ihm letztlich 175.000 Euro gewährt wurden, war es für Helmut Simon bereits zu spät: Er war 2004 bei einem Bergunfall in den Salzburger Alpen ums Leben gekommen.

Architektur als Symbol der Technik

Das Thema Hightech spielte 1991 auch in der Architektur eine große Rolle: Nicht nur klare, technische Formen und Materialen wie Stahl und Glas dominierten die neuen Gebäude, sondern auch der Fortschritt der Möglichkeiten im Planungsprozess: Das Büro von Stararchitekt Sir Norman Foster (bekannt u. a. für die gläserne Kuppel auf dem Berliner Reichstagsgebäude, die Millennium Bridge in London und das Commerzbank-Hochhaus in Frankfurt am Main) plante den dritten Londoner Flughafen Stanstead als modernes und transparentes

Gebäude mit der Konstruktionssoftware CAD. Wichtige Elemente wie die Stützpfeiler sind sichtbar und mit einer Glasmembran überspannt, sodass die Besucher eine großzügige Aussicht genießen.

Ein weiteres Beispiel für den Hightech-Baustil der frühen 1990er-Jahre: der Bahnhof Kassel-Wilhelmshöhe. Mit der Errichtung des deutschen Bahn-Hochgeschwindigkeitsnetzes und der Einführung des ICE brauchte die Stadt im Herzen Deutschlands einen neuen Bahnhof – der alte Hauptbahnhof in der Innenstadt war als Kopfbahnhof nicht für die neuen Herausforderungen gerüstet. So entstand im Stadtteil Wilhelmshöhe an der Stelle eines vorhandenen Bahnhofs ein neues Gebäude. Markant ist das gigantische Vordach, das auf 59 unregelmäßig angeordneten Säulen steht und 15 Meter über dem Vorplatz mit Bus- und Straßenbahnhaltestellen schwebt. Die vier Bahnsteige erreicht man von der Empfangshalle aus über Treppen und große Rampen, die den Bahnhof barrierefrei machen sollten. Die Baukosten betrugen über 300 Millionen D-Mark. Aufgrund seiner offenen, zugigen Bauweise erhielt der Bahnhof schnell den Spitznamen „Palast der Winde“.

In China wiederum wurde in diesem Jahr der Radio- und Fernsehturm Tianjin eröffnet. Mit 415 Metern Höhe ist er heute der dritthöchste des Landes und der achthöchste der Welt. Zum Vergleich: Der Fernsehturm in Berlin, das höchste Bauwerk Deutschlands, ist 368 Meter hoch. Eine Aussichtsplattform und ein Drehrestaurant auf über 250 Metern Höhe ermöglichen den Besuchern eine grandiose Aussicht.

Floptical: Hier ist der Name Programm

Die Datenmengen, die im Jahr 1991 übertragen werden mussten, waren noch nicht riesig – doch nach und nach wurden aus Computern Multimedia-Maschinen, Spiele und Anwendungen immer komplexer. Problem: Die weitverbreiteten, 3,5 Zoll großen Disketten konnten maximal 1,44 Megabyte speichern – weniger, als ein normales digitales Foto heutzutage an Kapazität benötigt. 1988 kündigte das US-Unternehmen Insite Peripherals eine Diskette mit deutlich mehr Datenvolumen und einem etwas unglücklichen Namen an: Aus den Begriffen Floppy und Optical entstand der Begriff Floptical. Wie bei einer klassischen Diskette tastet ein Magnetkopf die Oberfläche des Datenträgers ab, wird aber von einer Infrarot-LED und einem Sensor unterstützt. Ergebnis: bis zu 21 Megabyte Speicher. Beim Marktstart 1991 waren die Laufwerke so ausgerüstet, dass sie auch herkömmliche 3,5-Zoll-Disketten lesen konnten.

Doch der Ausspruch „nomen est omen“ passte hier mehr als genau: Rund 70.000 Flopticals wurden insgesamt verkauft, mehrere Unternehmen brachten ähnliche, aber inkompatible Systeme mit mehr Speicherplatz und deutlich größerem kommerziellem Erfolg heraus. Spätestens mit dem Aufkommen der CD-ROM (1991 erschien das erste PC-Spiel auf diesem Datenträger) hatten das Floptical und seine Nachahmer keine Chance mehr.

Leben wie auf dem Mars – nur auf der Erde

Es sei „das spannendste wissenschaftliche Projekt der USA, seit Präsident Kennedy uns zum Mond geschickt hat", schrieb das US-Wissenschafts-magazin „Discover" euphorisch. Acht Menschen zogen im September 1991 in ein gigantisches Treibhaus in der Wüste des US-Bundesstaats Arizona. Ihre Mission: Testen, wie das Leben auf dem Mars aussehen könnte und welche Probleme auftreten.

Sechs Jahre Vorbereitungszeit und 150 Millionen Dollar steckten in dem gigantischen Projekt. Vier Männer und vier Frauen zwischen 27 und 66 Jahren hatten sich in extremen Auswahltests für das Unternehmen qualifiziert und sollten nun zwei Jahre lang zusammen mit 3.800 Tier- und Pflanzenarten in dem luftdicht versiegelten Gebäude auf einer Fläche von zwei Fußballfeldern leben.

Die Anforderung: kein Kontakt nach außen, Wasser, Lebensmittel und Sauerstoff sollten innerhalb der „Biosphere 2" (Biosphäre 2) produziert werden. Die „Bionauten" genannten Bewohner lebten in Ein-Personen-Apartments in einer Ministadt, Videotelefon und Fernseher inklusive. Was zunächst aufregend klingt, entwickelte sich für die Bewohner zur Hölle auf Erden: Eine Teilnehmerin schnitt sich nach kurzer Zeit eine Fingerkuppe ab und musste die Biosphere 2 verlassen, um ärztlich versorgt zu werden. Das Essen, in erster Linie Süßkartoffeln, Getreide, Obst, Gemüse, Fisch und Eier, reichte kaum aus. Vorräte mussten weggeschlossen werden, um heimliches Hamstern zu vermeiden. Auch die Tierwelt litt, einige Arten starben, dafür vermehrten sich Ameisen und Kakerlaken explosionsartig, erinnert sich Bionautin Jane Poynter in einem Erlebnisbericht. Die Ernte wurde durch Milben und Pilze bedroht – und Sauerstoffmangel bedrohte das gesamte Experiment: Weil außerhalb der Biosphere 2 das Wetter extrem schlecht war, fuhren die Pflanzen im Treibhaus ihre Fotosynthese zurück – Schläfrigkeit und nächtliche Atemaussetzer bei den Menschen waren die Folge.

Die Stimmung zwischen den Teilnehmern wurde immer schlechter, einer Bionautin zufolge soll die Gruppendynamik zwischen zwei verfeindeten Lagern sogar die größte Herausforderung gewesen sein! Als Anfang 1993 der Sauerstoffgehalt auf einen Tiefstwert fiel, griffen die betreuenden Wissenschaftler von außen ein und pusteten Frischluft in das Glashaus. Das wissenschaftliche Ansehen war dahin.

Die Bionauten zogen das Projekt trotz aller Probleme durch: Erst im September 1993 verließen sie die selbst gewählte Isolation wieder. Ergebnis: Die Wissenschaftswelt war gespalten. Die Bionauten hatten gezeigt, dass sie sich zu etwa 88 Prozent hatten selbst ernähren können. Doch ohne Vorräte und Unterstützung von außen wäre das Projekt wahrscheinlich schon früher gescheitert. Heute dient das Gebäude der Forschung und Lehre und kann sogar besichtigt werden.

Die Batterie-Revolution: mehr Power dank Lithium-Ionen-Technik

Ob Walkman, Game Boy, tragbarer Computer oder Elektroauto: Schon Ende der 1980er-Jahre kam immer mehr mobile Technik auf, die auf viel Power in der Batterie angewiesen war. Und immer kam es auch stark aufs Gewicht an – denn wer wollte schon ein Elektrogerät mit sich herumschleppen, das schwerer als ein Backstein war? Und noch dazu sollte eine solche Batterie idealerweise wiederaufladbar sein.

Die positiv geladene Anode und die negativ geladene Kathode sind die wichtigsten Teile einer Batterie. Wird Strom verbraucht, schließt sich ein Stromkreis, und es fließen Elektronen vom Minuspol durch den Verbraucher zum Pluspol.

Bei der Forschung stellte sich heraus: Für eine leistungsfähige, wiederaufladbare Batterie wäre das Leichtmetall Lithium für die Anode ideal, es kam aber immer wieder zu Kurzschlüssen mit der Kathode – und sogar zu Bränden. 1982 hatte der japanische Forscher Akira Yoshino nach der Lektüre einer Forschungsarbeit schließlich die Idee, eine Anode aus Lithium-Kobalt-Oxid mit einer Kathode aus Polyacetylen zu kombinieren. Dessen elektrische Leitfähigkeit hatte ein anderer japanischer Forscher einige Jahre zuvor getestet.

Die Kombination funktionierte: Die Batterie ließ sich aufladen und gab die Energie sanft ab. Um Brände zu vermeiden, trennte Yoshino die beiden Materialien mit einer dünnen Membran auf Polyethylen-Basis. Schmolz sie aufgrund von Überhitzung, wurde der Akku außer Funktion gesetzt.

1983 entstand der erste Lithium-Ionen-Akku, 1985 begann die Vermarktung: Yoshino hatte nämlich nicht nur den Akku, sondern auch wichtige Grundlagen für seine Serienfertigung entwickelt. Seinen eigentlichen Durchbruch hatte der Stromspeicher aber erst 1991: Elektronikriese Sony brachte ihn auf den Massenmarkt und sorgte dafür, dass er inzwischen als wichtiger Baustein unter anderem bei Smartphones und E-Autos genutzt wird.

Das war los in der Computerwelt

1991 entwickelte der Niederländer Guido van Rossum die Programmiersprache „Python", die 1994 an den Start ging. Im Gegensatz zu anderen Programmiersprachen sollte sie besonders einfach lesbar und überschaubar sein, gleichzeitig aber einfach zu erweitern. Noch heute gilt Python als leicht erlernbar, sodass auch Anfänger schnell Ergebnisse erzielen können. Aufgrund des freien Quellcodes kann jeder Programmierer selbst schnell Anpassungen vornehmen. Der Name leitet sich übrigens nicht von der Schlange ab, sondern von der britischen Comedytruppe Monty Python.

Apple präsentierte im Oktober sein erstes Powerbook. Nachdem der erste Macintosh Portable 1989 aufgrund seines Gewichts und seiner Leistung gefloppt war, wurde der Vorgänger des Macbook zum Erfolg: ab 2.300 US-Dollar teuer, ausgestattet mit einem mindestens 16 Megahertz starken Prozessor, einem Monochrom-Bildschirm und einem Trackball mittig vor der Tastatur.

Rechenpower pur: Die „Connection Machine 5“ des US-Entwicklers Daniel Hillis vernetzte Tausende Prozessoren in einem riesigen Gehäuse per Parallelschaltung zu einem Supercomputer. Die Topversion mit 16.000 Prozessoren (Preis: etwa 200 Millionen Dollar) schaffte zwei Billionen Rechenschritte pro Sekunde. Zu sehen ist sie übrigens im Film „Jurassic Park“.

Apple, IBM und Motorola gründeten 1991 das Konsortium PowerPC. Die Unternehmen entwickelten gemeinsam eine Mikroprozessorarchitektur auf 64-Bit-Basis, die später nicht nur in zahlreichen PCs, sondern auch in Spielekonsolen wie der Nintendo Wii und der Xbox 360 von Microsoft zum Einsatz kam.

Als Konkurrenz zu Windows und Apples Betriebssystem wurde BeOS entwickelt. Trotz seines klaren Designs, seiner Multimedia-Fähigkeiten und der Einbindung moderner Hardware erreichte es nie einen bedeutsamen Marktanteil und wurde 2001 eingestellt.

Der finnische Entwickler Linus Torvalds begann mit der Entwicklung einer Software, die sich am Ende als neues Betriebssystem entpuppte: Linux. Dieses stellte er erstmals im September kostenlos zum Download bereit. Noch heute sind weiterentwickelte Versionen von Linux auf Computern, Servern und in der Industrie zu finden.

Auf der Suche nach Gammastrahlung: GRO startet ins All

Zu Beginn der 1990er-Jahre begann die US-Weltraumbehörde NASA ein groß angelegtes Satellitenprogramm, um den Weltraum mit neuester Messtechnik möglichst genau zu beleuchten. Nachdem 1990 das Hubble-Teleskop in die Erdumlaufbahn gestartet war, folgte knapp ein Jahr später ein weiterer Satellit: Am 5. April flog das Spaceshuttle Atlantis mit dem 16 Tonnen schweren Gamma Ray Observatory (GRO, später Compton Gamma Ray Observatory) vom Kennedy Space Center in Richtung Himmel. Zwei Tage später wurde das GRO ins All gelassen. Seine Mission: mit insgesamt vier Instrumenten das elektromagnetische Spektrum nach Gammastrahlung und seinen Quellen absuchen. Durch die Technik konnte es zehnmal genauer als bisher eingesetzte Instrumente arbeiten.

Gammastrahlen stammen von bislang kaum erforschten Objekten wie etwa schwarzen Löchern oder Supernovae – dem Aufleuchten von Sternen am Ende ihrer Lebenszeit durch Explosionen. Auf dem Weg durchs All wird diese für den Menschen gefährliche Strahlung durch die Erdatmosphäre abgehalten; in der Erdumlaufbahn konnten die Sensoren ermitteln, dass die Quellen für Gammastrahlung ausschließlich außerhalb unserer Milchstraße liegen. Das GRO war acht Jahre lang im All unterwegs, als 1999 eines der Gyroskope ausfiel, das die Lage des Satelliten regelte. Wäre noch ein Gyroskop ausgefallen, wäre das ganze System unsteuerbar geworden. Ein möglicher Absturz auf die Erde hätte Menschenleben gefährden können. Die NASA beschloss deshalb, den Satelliten kontrolliert zum Absturz zu bringen – übrigens das erste Mal in der Geschichte der Raumfahrt. Am 4. Juni 2000 stürzte das GRO in den Pazifik.

Der Start ins WWW

Unspektakulärer hätte der Start einer weltverändernden Entwicklung nicht sein können: „Probiert es aus“, schrieb der britische Physiker Tim Berners-Lee am 6. August in einer Diskussionsgruppe von Wissenschaftlern im Internet. Das „World Wide Web“ ging an die Öffentlichkeit und markierte den Start des Onlinezeitalters.

Das Internet an sich war keine neue Erfindung: Bereits in den 1970er-Jahren hatte das Militär die Vernetzung von Computern entwickelt – wer also beispielsweise ein spezielles Dokument benötigte, konnte es schon vorher von einem anderen Computer herunterladen. Berners-Lee hatte am CERN in Genf eine gemeinsame „Sprache“ entwickelt, das sogenannte HyperText Transfer Protocol. Mithilfe eines Browsers wurden Suchanfragen in HTTP-Anfragen übersetzt, die von den Servern verarbeitet wurden. Der Browser konnte die zurückgeschickten Informationen in Form von Texten oder Bildern darstellen. Neu waren auch die Hyperlinks: Mithilfe von Querverweisen waren einzelne Seiten miteinander verknüpft – so kamen die Nutzer mit nur einem Mausklick zu weiteren Informationen. Das Surfen war geboren und revolutionierte das Internet – das World Wide Web machte es massentauglich.

Noch heute bilden die Erfindungen von Tim Berners-Lee die Grundlagen für das Internet: Zwar war das WWW zunächst nur eine Nachrichtenbörse einer kleinen Gruppe von Wissenschaftlern, doch schon Ende 1991 ging in den USA der erste Webserver außerhalb Europas ans Netz. Immer mehr Angebote und Nutzer bevölkerten das WWW und machten es zu dem, was wir heute kennen.

Erfindung des Jahres: die Armbanduhr mit Messenger

Smart Watches sind eine Erfindung des digitalen Zeitalters? Von wegen! Schon in den 1980er-Jahren baute beispielsweise Casio digitale Armbanduhren mit Taschenrechner. Zu Beginn der 1990er-Jahre ging Seiko einen Schritt weiter: Die Receptor Message Watch war ein wirklicher Messenger fürs Handgelenk. Nicht nur die Zeit, sondern auch kurze Nachrichten konnte die Uhr anzeigen.

Um jemandem eine solche Nachricht auf die Uhr zu senden, musste man eine Hotline anrufen und konnte zwischen einer Telefonnummer (die als Rückrufnummer angezeigt wurde) und mehreren Standardtexten wählen (z. B. „Call Office“ oder „Call Home“). Grund für die Beschränkung: Das Display konnte wegen seiner Strichgrafik nicht alle Zeichen darstellen – Diagonalen waren nicht möglich, Buchstaben wie W oder N waren also raus.

Zudem konnte man verschiedene Services abonnieren – etwa die aktuellen Lottozahlen, Börsenkurse, die Wettervorhersage oder den aktuellen Spielstand der Lieblings-Baseballmannschaft.

Zuvor hatte das Unternehmen in Zusammenarbeit mit der Firma AT&E die Uhr in der Region Portland/Oregon (USA) getestet. Denn die Technik war nicht ganz einfach: Die Daten wurden per UKW-Signal wie beim Radio übermittelt, der Empfangsbereich war auf einige Gegenden beschränkt.

Preis für die Neuheit in den USA: 225 Dollar, dazu zehn Dollar monatlich für den Empfangsservice. Das Pager-Angebot lief Ende 1999 aus – heute ist die Message Watch nur noch als normale Armbanduhr nutzbar. Ob die heutigen Smart Watches ein ähnliches Schicksal erleiden werden?